回到远古看恐龙

跟恐龙交朋友

[俄]阿纳斯塔西亚·加尔金娜　著

[俄]叶卡捷琳娜·拉达特卡　著绘

索轶群　译

 中国纺织出版社有限公司

    嗨，这是双胞胎丽塔和尼基塔。他们非常喜欢看有关恐龙的书，梦想长大后成为古生物学家。拥有这个梦想可是有原因的，因为他们手中有一本神奇的魔法书，这本书已经不止一次地把兄妹俩带到了神秘的恐龙世界……

在姨妈郊外的小屋，丽塔和尼基塔度过了今年最后的夏日时光。即将上五年级的表姐艾拉也和他们在一起。艾拉的好朋友们都留在了城里，她只能和这两个小不点儿度过整整一周的假期了。

天有些暗了，却很暖和。艾拉懒洋洋地在秋千上摇晃着，从小包里挑拣着各种小玩意儿。丽塔正站在树旁的木梯上，开心地摘着苹果。尼基塔坐在不远的地方，正认真地翻看着那本有关恐龙的书，时不时地给小猪卡什卡讲解特暴龙和霸王龙的区别。

　　卡什卡是一只小小的宠物猪，和它的主人艾拉不同，卡什卡非常喜欢和兄妹俩在一起。

"尼基塔，能不能让卡什卡歇会儿，它对你讲的那些恐龙故事根本不感兴趣。"艾拉在一旁抱怨。

"我才没有强迫它呢。"尼基塔反驳说，"它也很喜欢这些故事。"

小猪卡什卡哼哼两声，像是很赞同尼基塔的话。

"哦对了，卡什卡，有一次我和丽塔在魔法书的帮助下，穿越回了恐龙时代！我们在那里见到了可怕的理理恩龙，跟它大战了一场。当然，最后它落荒而逃了。"尼基塔骄傲地回忆。

"我记得那次，我们的大鹅也帮了好大的忙，它简直太勇敢了！和一群板龙们一起战斗。"丽塔笑着说。

小猪用疑惑的眼神看着兄妹俩，好像在说：你们都是骗人的吧！

"你们说谎！"艾拉说出了小猪心里的想法。"恐龙在很早以前就灭绝了，人类从来都没有见过真正的恐龙！"

"谁说谎了，你不相信的话，可以去问问姥姥！她也曾经穿越到恐龙时代！"尼基塔分辩说。

"姥姥说那些话只是为了哄你们开心，谁让你们是什么也不懂的小屁孩儿呢。"艾拉一脸看不起的样子。

"姥姥才不是哄我们呢！"尼基塔气急了。

艾拉刚准备继续反驳，那本躺在草坪上的魔法书忽然闪起了光亮。孩子们的目光立刻被它吸引，连小猪卡什卡都好奇地上前，用鼻子闻了闻那本发光的书。

一秒，又一秒，魔法书的光亮逐渐褪去，周围熟悉的环境竟然变了个样。小木屋没有了，苹果树和旁边的木梯也不见了，只剩下一片漆黑。

"开什么玩笑呢？咱们这是在哪儿？"艾拉不耐烦地问。

"一定是魔法书把咱们带到了这里。"兄妹俩解释说。

"赶紧让我离开这个破地方！"艾拉生气地说。

"艾拉，小点儿声。"丽塔安慰她，"咱们还是先看看周围的环境吧。"
　　孩子们的眼睛逐渐适应了黑暗，现在他们能够大概看清脚下的土地和头顶上方的树根了。小猪卡什卡在孩子们的脚边，有些惊慌失措。丽塔想要安抚一下躁动的卡什卡，从篮子里拿出一个苹果喂给了它。

"我们好像在一个山洞里。"尼基塔说，"试着往前走走吧，一般山洞都会有出口的。"

　　"好。"丽塔也赞同。

　　"你们在胡说些什么！"艾拉抱怨着，她抱起小猪，不情愿地跟着兄妹俩一起往前走。

　　没走多久，前方就出现了光亮。

"看，那就是出口！"丽塔开心地说。

"先别急着高兴。"尼基塔警惕地打断妹妹，"洞口万一有埋伏呢，比如有特暴龙？"

"别胡说了。"艾拉说，"那儿什么也没有。"

三个孩子慢慢地靠近了洞口，仔细观察着洞外的环境。

洞外是一片森林，离洞口不远的地方有一个庞然大物，它的背正对着他们。那是只前爪长着又长又尖指甲的巨大恐龙。它正在用自己锋利的前爪扒着树干，贪婪地吃着树叶。

　　"镰刀龙！"丽塔有些害怕地小声喊道，"科学家们到现在还在争论，镰刀龙的主要食物是什么。有些人说它们是植食类恐龙，也有人说它们也会吞食昆虫！"

　　"什么？你是想说咱们很可能被这个大怪物吃掉吗？对它来说，咱们不就是昆虫那么大吗？"艾拉终于相信了兄妹俩的话，她担心地小声说。

　　"它的身形好美啊！"尼基塔欣赏地说，"你看它那独一无二的爪子！"

　　"都这么危险了，你们还有心思欣赏这只恐龙！"艾拉发脾气了，"咱们还是快点儿回到洞里去吧！"

　　孩子们本想小心翼翼地离开，却忽略了小猪卡什卡。它看着眼前的庞然大物害怕地叫出了声。镰刀龙听到动静慢慢转过身来。兄妹俩和艾拉吓得浑身发抖，站在原地动也不敢动，只有再次受到惊吓的小猪还在大叫。

　　危急关头丽塔最先恢复了镇定。她从篮子里取出几个苹果抛向空中，玩儿起了杂耍。不一会儿，镰刀龙竟被这个小把戏吸引了。它好奇地靠近丽塔，挥舞爪子，试着抓住空中的苹果。丽塔向空中抛了几个苹果，希望用苹果"困住"镰刀龙的爪子。

果然，镰刀龙用爪子一个接一个地抓住了苹果。很快，它的每个指甲上都插上了一个小苹果。镰刀龙满意地看着自己的战利品，准备细细品尝这些美味的小果子。利用这个机会，三个人抱着卡什卡悄悄从它身边溜走，离开了这个可怕的地方。

"咱们休息一会儿吧，我太累了。"丽塔气喘吁吁地说。

三个人就像说好了似的，一齐躺倒在了草坪上。

尼基塔笑着说："你可真厉害啊，丽塔！你现在可是恐龙驯兽师啦！"

"那能怎么办啊，要不然恐龙就会像吃昆虫一样，把咱们都吞到肚子里去啦。"丽塔笑着说。

"你知道吗，镰刀龙因为非常奇特，还被列入了吉尼斯世界纪录呢！"尼基塔说。

"我当然知道啦，你瞧它们的爪子多漂亮！"

"喂，小不点儿们，我只是在做一个愚蠢的梦，对吗？"表姐艾拉打断了兄妹俩的对话，"我一定只是睡着了！"

"不是呀，姐姐，这不是在梦里。"尼基塔笑着回答表姐。

这时候尼基塔的脚踢到了什么坚硬的东西。他急忙起身，一阵搜寻后，在草丛里找到了一颗巨大的牙齿。

"太幸运了吧！咱们现在有可以防身的东西啦！"尼基塔开心极了。

"这是什么东西，这么脏！"艾拉嫌弃地说。

"是一颗大恐龙的牙齿！"丽塔兴奋地说，"快给我看看！"

兄妹俩正仔细研究着这颗不同寻常的牙齿，突然有什么声音从附近的灌木丛中传来……"哼哧哼哧"，小猪卡什卡听到这个声音开心极了，急忙向灌木丛中跑去。

"不可以，卡什卡，站住！"艾拉一把抓住卡什卡，像提着一个小毛绒玩具，重新把它抱进了怀里。

卡什卡发出了不满的哼唧声，但是它没有反抗，乖乖地趴在了艾拉的肩头。三个孩子小心翼翼地靠近了灌木林，拨开层层树枝，眼前是一片森林空地，空地中间竟然有一窝刚出生没多久的小恐龙，它们在小窝里嬉戏，哼哧哼哧地闹着玩。

"好可爱啊。"艾拉的脸上第一次浮现出了笑容。

小猪卡什卡也哼哧了几声，看来它也赞同主人的看法。它偷偷从艾拉身上滑下来，高兴地跳进了恐龙的窝。小恐龙们呢？它们立即接受了这只"奇怪的动物"，和它一起哼哧哼哧地玩儿了起来。

还没玩儿够呢，不远处的草地上出现了一只体型不太大的恐龙。它长着长长的尾巴，浑身都是羽毛。

"那是伶盗龙！它想要攻击这些小恐龙！"丽塔大声喊着。

"得把它赶走才行！"尼基塔迅速拿起了那只巨大的恐龙牙齿，就像拿着一把利刀冲着伶盗龙挥舞。

　　就在这时候，草地的另一边又出现了一只长相奇特的恐龙，它的头后面长着巨大的头盾，面部有着尖尖的喙。它冲出来挡在了尼基塔前面，低声怒吼着，摇摆着尖尖的喙震慑伶盗龙。见到这样的阵势，伶盗龙看了尼基塔手中的武器一眼，又转向那只面目凶狠的恐龙，然后试探着朝巢穴走了一步。可最后它还是改变了主意，转身跑进了附近的森林。

　　尼基塔这才缓过神来，把目光转向了身旁的恐龙。

"原来是植食类的原角龙啊，它是这些幼崽的妈妈吧。"尼基塔有些疲惫地说。

"哎，快看，它把卡什卡从窝里赶出去了。"艾拉惊讶地说。

原角龙低头蹭了蹭自己的宝宝，顺"嘴"把卡什卡从窝里赶了出去。卡什卡不高兴地哼唧几声，赶紧跑回到了三个孩子身边。

几分钟后，草地上又陆续出现了好几只原角龙。它们像卡什卡一样，用嘴拱着地上的土，寻找地上的树根当作食物。

"原角龙的某些习性和小猪还挺相似呢。"尼基塔若有所思地说。

"是，是有些像。"丽塔笑着回答说，"但是现在时间不早了，咱们该回去了。还是先回山洞吧，然后试着找找回家的路。"

"走吧走吧！"听到回家，艾拉开心极了。"希望那只镰刀龙已经走了。"

三个孩子在树林里走了好久，却怎么也找不到当初的那个山洞了。

"不行了，我要累死了。"艾拉绝望地说，"咱们再也回不了家了！"

小猪卡什卡也心灰意冷，在主人的身旁转来转去。

"你放心，咱们肯定能回去的，艾拉。"丽塔安慰着表姐。

　　突然，森林消失了，前方出现了一片葱郁的草地。离草地不远的地方，有一个看起来快要干涸的小湖。

　　"咱们在这儿休息一会儿吧。"说着，尼基塔坐在了草地上，顺手翻开了魔法书。

"请带我们回家，请带我们回家！"尼基塔对着魔法书大声喊着，但是神奇的光亮并没有出现，那本书看起来没有任何异样。

"啊，天哪，那是什么？"艾拉尖叫道。

"那是可怕的特暴龙。"尼基塔开玩笑说，"现在，它要来吃你了！"

"真的是特暴龙！"丽塔放低声音，赶紧把半个身子藏进了草丛里。

艾拉紧跟着丽塔藏进了草丛。尼基塔警惕地看了看四周，然后向湖泊看去。在浅水中站着一只巨大的恐龙，它的前腿很短，尾巴又大又粗。隔着这么远，都能听到这个庞然大物咔嚓咔嚓的磨牙声。它像是要捕捉湖里的什么动物。

"当陆地上没什么可吃的时候，特暴龙就会捕食水里的乌龟、鳄鱼。"尼基塔小声说。

"咱们今天岂不是很容易成为特暴龙陆地上的食物……"丽塔说，"特暴龙曾经是亚洲最可怕的恐龙。"

"对，霸王龙是全北美最可怕的恐龙。"尼基塔接着说。

"我，我好害怕。"艾拉怀里抱着卡什卡，忍不住啜泣起来。

丽塔转过身来安慰表姐，尼基塔继续全神贯注地观察着周围的情况。因为紧张，他的心脏"突突突"地加速跳着。"咔嚓咔嚓"，特暴龙嘴里的声音好像是对他的回应。

没想到在离湖泊不远的地方，出现了一群长脚恐龙。它们走起路来就像鸵鸟一样，张着嘴巴，正在追赶着盘旋在头顶的蜻蜓，似乎完全没注意到那边的庞然大物。发现了新猎物，特暴龙突然抬起了头，冲向恐龙群。

　　"似鸡龙，它们是一种杂食恐龙！"因为又看到了一种新的恐龙，尼基塔兴奋极了，"它们没有牙齿，只能把食物整只地吞下去！不会嚼碎它们。"

　　"而且它们的奔跑速度非常快，这只特暴龙八成儿追不上它们。"丽塔说着，往哥哥的身边靠了靠，想近距离地观察这群似鸡龙。

"特暴龙也有追上它们的可能吧。"艾拉说，"你看那只特暴龙都到那儿了。"特暴龙的确在以极快的速度接近似鸡龙，再迈几步就可以抓到它们了。

这时，似鸡龙注意到了特暴龙，迅速地散开了，每一只都以极快的速度朝不同方向奔跑起来。特暴龙一瞬间失去了目标，最后一只似鸡龙都没有抓到。

"趁特暴龙还没发现咱们，咱们还是先回树林吧。"丽塔建议。

三个孩子给卡什卡喂了一些树根，带着它朝树林的方向跑去。在一片茂密的灌木丛中藏好后，他们重新打开了魔法书。

"魔法书，请带我们回家吧。"尼基塔恳求着。

"求你了。"丽塔跟着说。

"唉，这没用的。"艾拉叹了口气。她一手抱住丽塔，另一只手搂着尼基塔："对不起，当初我没相信你们说的关于恐龙的话，但是咱们一定有办法回家的。"

"没关系，艾拉。"丽塔笑着说，"反正，除了姥姥，也很少有人相信我们真的穿越回了恐龙时代。"

　　"快看！"尼基塔指着魔法书开心地大叫。

　　艾拉和丽塔惊讶地发现，魔法书开始发出金灿灿的光芒，每过一秒光亮都更强一点儿。艾拉紧紧抱住卡什卡，和兄妹俩一起闭上了眼睛。再次睁开眼睛的时候，大家已经回到了那间熟悉的小木屋。

　　"成功了！"他们欢呼雀跃，相互拥抱着。

艾拉把掉落的魔法书捡了起来，无意中翻开了一页：一只庞大的镰刀龙高举着爪子，在它的爪子上，挂着丽塔的那只小小的竹篮子。

小小古生物学家手记

镰刀龙

镰刀龙是白垩纪晚期体型较大的恐龙，它们的前脚有巨型的钩爪。镰刀龙高约5米，长约10米，指甲长度能达到1米。它们的指甲不仅可以防御敌人（比如特暴龙），还可以用来求偶。雄性镰刀龙把指甲当作吸引雌性的利器。

科学家至今还没有找到完整的镰刀龙骨架，他们只能依靠推测来判断镰刀龙的饮食习惯。科学家认为，它们以植物为食，同时也吃一些昆虫类的动物，因此算得上是杂食类恐龙。尖而长的利爪还能帮助它们扒到顶端的树枝，捣碎白蚁的窝。

镰刀龙高5米，长10米。

特暴龙

特暴龙是白垩纪晚期一种又大又凶残的恐龙，它们高约4米，长达12米。

特暴龙主要靠强劲有力的后腿行走。它们的前腿非常短小，长着两根"手指"，巨大粗壮的尾巴可以帮助它们保持平衡。特暴龙有着巨大的牙齿（平均每颗8.5厘米），这些锋利的牙齿在捕食其他大型植食类恐龙的时候，起到了重要的作用。特暴龙拥有极佳的听力和嗅觉，相对而言，它的视力就弱了很多。

科学家推测，特暴龙对自己的幼崽十分关心。它们会一直照顾幼崽，直到幼崽有能力独立生活。

特暴龙拥有极佳的听力和嗅觉，但是视力不怎么样。

原角龙

原角龙是白垩纪晚期一种体型不太大的植食类恐龙（高约60厘米，长不到2米）。

原角龙是群体生活的动物。它们喜欢把巢穴建在隐蔽的草甸里，以防敌人的攻击（比如伶盗龙）。在战斗的时候，你会注意到它们脸上尖尖的喙锋利无比，像鸟嘴一样，这往往能顺利地击退敌人。除此之外，坚硬的喙还能帮助它们采食植物多汁的茎根，然后用嘴前部的牙齿嚼碎食物。

别看原角龙体型不大，它可重达180公斤呢。

似鸡龙

似鸡龙是白垩纪晚期的一种杂食性恐龙，它们的体型像一只巨大的鸵鸟（高约2米，长约6米）。

科学家认为，似鸡龙的食物包括植物、蜻蜓、蜜蜂、蜥蜴以及其他恐龙的蛋。

这种恐龙进化出了又长又细的后肢。奔跑速度极快，可达每小时50千米。因此，似鸡龙能够轻易地逃脱来自其他肉食恐龙的追赶。

似鸡龙没有牙齿，它们会将食物整个儿吞下。

伶盗龙

　　伶盗龙是白垩纪晚期一种体型不大的肉食类恐龙。高不到60厘米，长2米。这种恐龙十分聪明，动作敏捷矫健，还拥有极好的嗅觉。伶盗龙的主要武器是它们那锋利的爪子和尖尖的牙齿。

　　考古学界最著名的发现，就是一只伶盗龙与一只原角龙的骨架遗骸。这个化石保存了它们的搏斗场景：一只伶盗龙想要攻击原角龙，却被原角龙击退了。原角龙最后失足从悬崖边掉了下去，遗骸在附近的河岸边被发现。

伶盗龙十分聪明，
动作敏捷矫健，还拥有
极佳的嗅觉。

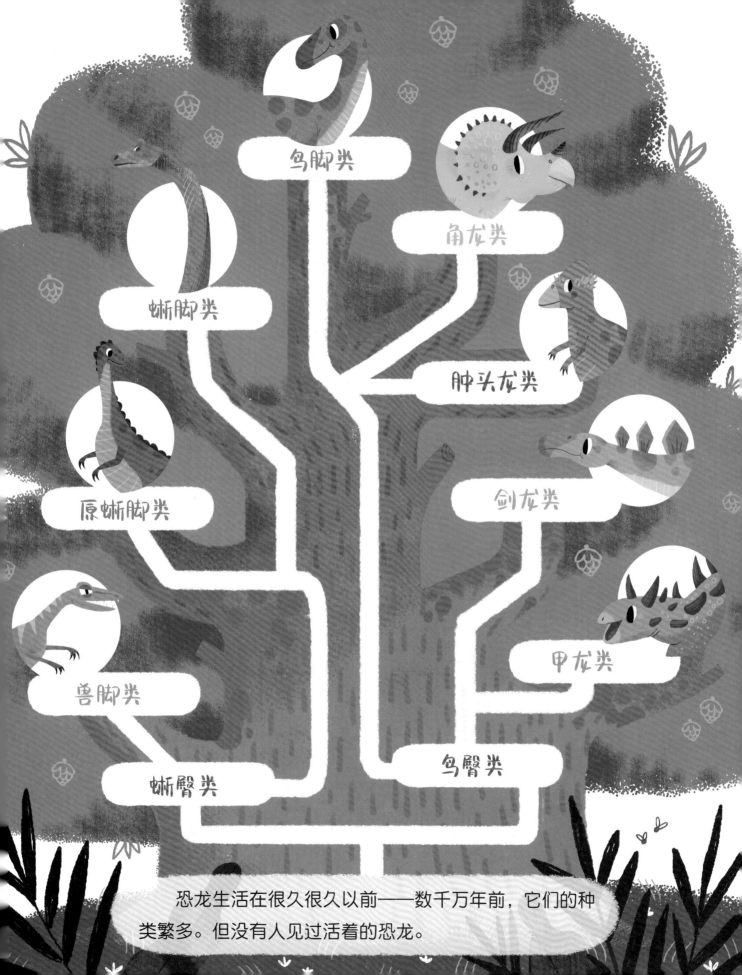

鸟脚类

角龙类

蜥脚类

肿头龙类

原蜥脚类

剑龙类

兽脚类

甲龙类

鸟臀类

蜥臀类

恐龙生活在很久很久以前——数千万年前，它们的种类繁多。但没有人见过活着的恐龙。